阪急
2100

―車両アルバム.45―

画期的なデザインでデビューした2000系シリーズ。神戸線用2000系・京都線用2300系が昭和35年から製造された。これに続き、宝塚線の特性に合わせて昭和37年に誕生したのが2100系である。主電動機出力・歯車比以外は基本的に2000系(2008形)と同様で、最新の自動制御技術を採り入れた電力回生ブレーキ・定速度制御を行い、「オートカー」「人工頭脳電車」の一員である。

誕生当時、神戸・宝塚線は電車線電圧600Vであったが、1500V昇圧が決定し、2000・2100系の製造は中止され、昭和38年には1500V昇圧に対応した2021系に移行する。2000系と同様に2100系は昇圧に際して、簡単に切換できる昇圧即応改造を実施することとなり、自動制御機能は廃止してパンタグラフは1基となった。なおこの時に6両はパワーアップして2100系を離れ、2000系グループの一員となる。

その後2000系は冷房改造を受けるが、この2100系は改造されないまま、能勢電鉄車両の大型冷房車化用として同社に譲渡、冷房化・降圧改造されて1500系となり、ツートンカラーを纏って、新時代の能勢電鉄のホープとなった。

本書は終始宝塚線で活躍した2100系の阪急時代の歴史を振り返るものである。

2101他6連。宝塚～清荒神　昭和40/1965-1-15　森井清利

阪急 2100　目次

2100 系誕生 …… 4
2 次車登場 …… 17
屋根上・床下機器 (600V 専用時) …… 25
昇圧即応改造 …… 28
T 車の他系編入 …… 32
宝塚線の臨時特急 …… 50
箕面線運用 …… 52
形態のバラエティー …… 65
床下機器 (昇圧即応改造後) …… 74
屋根上機器 (昇圧即応改造後) …… 76
他系編入の冷房化車 …… 81
阪急 2100 系の軌跡 …… 髙間恒雄　82

表紙
2108他8連。豊中～蛍池　昭和51/1976年　田中政広

裏表紙
2103他8連。蛍池～豊中　昭和54/1989年　髙間恒雄

2103-2152。西宮車庫　昭和37/1962-1-2　髙橋正雄

2100系誕生

2100。当初から6連運転を前提としていた2100系では宝塚側Mc前面車体側に電らん箱を取付。HSCブレーキを採用して空気ホースは3本となり、車体外側から制動管・直通管・元空気溜管の順に配置。
西宮車庫　昭和37/1962-1-2　久保田正一

2100系車内。井上雄次

運転台(2107)。昭和37/1962-6-23　澤田節夫

2152(営業列車ではない)。2000系シリーズの運転台側の幌座は、車体全長が100mm伸びた(連結面間が縮小する)ことから従来の出っ張った幌座をに代わり、妻柱に幌の取り付けを兼用させる構造となった(このため従来の幌と互換性はない)。塗装を傷つけるのを防ぐ目的で2mm厚のステンレス板無塗装(つや消し仕上げ)が採用されたが、結果的に凛々しい表情を作ることとなった。園田　昭和37/1962-1-8　篠原　丞

2105-2155-2104-2154(営業列車ではない)。御影～岡本　昭和37/1962-1-14　山口益生

2100-2150+2103-2153-2102-2152。西宮北口～武庫之荘　昭和37/1962-1　山口益生

2152-2102-2153-2103+2151-2101。池田車庫　昭和36/1962-11-4　篠原　丞

2103。同時期製造の2000系2次車は側引き戸がハニカム構造となって銀の縦帯がついたが、2100系では従来構造のものを使用。
西宮車庫　昭和37/1962-1-2　篠原　丞

2150。2000系グループ初期車のアルストムリンク軸箱支持台車(FS33・333)は神戸・宝塚線と京都線の統一定規適用による寸法変更を実施し、合成制輪子の使用を考慮してクラスプブレーキ方式とした。1100系で試験したディスクブレーキ用の考慮は行われていない。
西宮車庫　昭和37/1962-1-2　久保田正一

宝塚線で6連で試運転中の2154。大阪側のパンタグラフはすべて降ろした状態である。中津　昭和37/1962年　奥野利夫

2100他6連。昭和37/1962-2　髙橋正雄

2107-2157-2106-2156(営業列車ではない)。エコノミカル(軸はり式)台車のこの編成は車体裾部の水切りが台車間のみと短くなる。春日野道～西灘　昭和37/1962-2-11　山口益生

2156-2106-2157-2107。西宮車庫。昭和37/1962-2-11　山口益生

2156-2106-2157-2107。
(営業列車ではない)。
御影～芦屋川　昭和37/1962-2-11
山口益生

2156
神戸
特急
大阪

2100他6連。M車は3両共、連結面(大阪)側パンタグラフを降下している。池田　昭和37/1962-2-18　浦原利穂

一部のパンタグラフを降下して走る2100他6連。1両目の2100は前、3・5両目は後ろのパンタグラフを降ろしているようである。
中津〜十三　昭和37/1962-1　髙橋正雄

2150-2100(2連の試運転)。中津～十三(神戸線)　昭和37/1962-11-20　篠原　丞

2156-2106-2157-2107。岡町～曽根　昭和37/1962-4　篠原　丞

2152他6連。岡町〜曽根　昭和39/1964-4-5　山口益生

2100他の急行。関　三平

先に製造のエコノミカル軸はり式台車の2156×4と同様に、2次車は車体裾部の水切りが短くなり、台車間に設けられている。2100系のミンデンドイツ式台車には軸ダンパは設けられていない。写真の2162は車両は運行標識板掛が中央寄りに取付。岡町～曽根　昭和39/1964-4-5　山口益生

2次車登場

2111他6連。能勢口～雲雀丘花屋敷　井上雄次

2103-2153-2102-2152(営業列車ではない)。武庫之荘～西宮北口　昭和37/1962-1-8　篠原　丞

2114-2164+2113-2163-2112-2162。清荒神～宝塚　昭和38/1963-9　高橋正雄

2101他6連。清荒神～宝塚　昭和40/1965-1-15　森井清利

2152他6連。関　三平

2154他6連。宝塚～清荒神　昭和41/1966-7-24　髙橋正雄

2152他6連。中山～山本　関　三平

2105。十三～中津　昭和37/1962-11-18　中井良彦

2152他。梅田　昭和39/1964-3　森井清利

2152他の準急。中津　昭和40/1965-7-20　森井清利

2159。梅田　昭和38/1963-9-13　髙橋正雄

2152他6連。梅田～十三間の三複線化前、京都線の下り列車(梅田行)は十三手前で宝塚線ホームに入り、三複線化当初もそのようになっていた。また三複線化は宝塚線の複々線化であり、宝塚上り列車(梅田行)の一部は増設線(当時は電車線電圧600V・現在京都線として使用)に運転されていたため、十三駅の両線の京都側は複雑な渡り線となっていた。十三　昭和37/1962-3-17　中谷一志

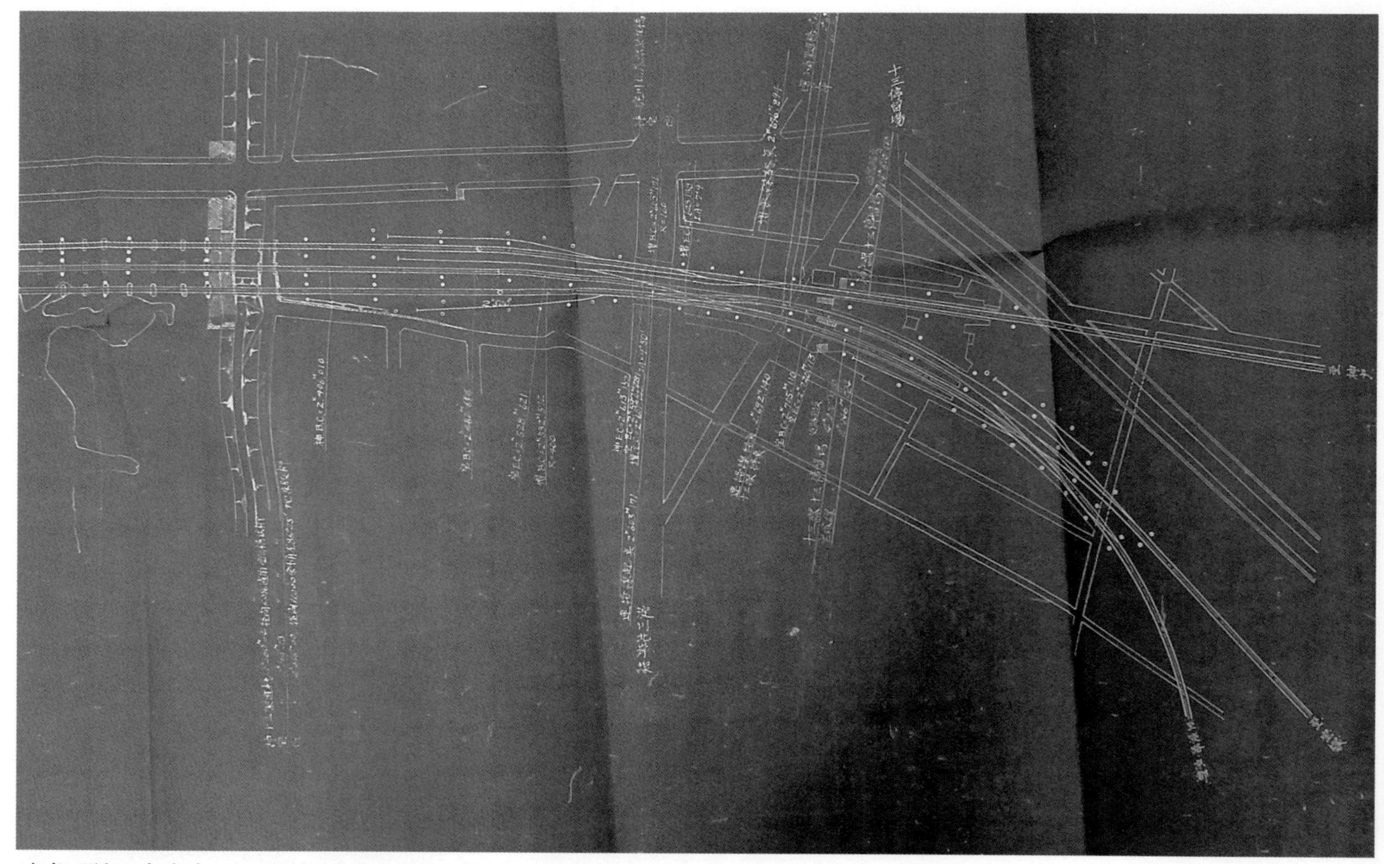

(参考) 昭和38年当時の十三駅付近線路配置図。上写真の位置は図面の右下である。所蔵：国立公文書館

屋根上機器(600V専用時)

2101。関　三平

初期製造車(2100 ～ 2105)の宝塚方パンタグラフ部。

初期製造車(2100 ～ 2105)の大阪方パンタグラフ部。

PG-18Aパンタグラフ。

ヒューズ。

池田車庫　昭和40/1965-6-20　森井清利(5点共)

Mc屋上機器配置(2100・2101・2103・2105)　M車も同様

Mc屋上機器配置(2110・2111・2113・2114)　2107・2108も同じ・またM車も同様。所蔵：国立公文書館

2156。池田車庫　昭和40/1965-6　森井清利

2106。西宮車庫　昭和37/1962-2　篠原　丞

2156編成以降は屋根上機器配置が一部変更されている(2110)。井上雄次

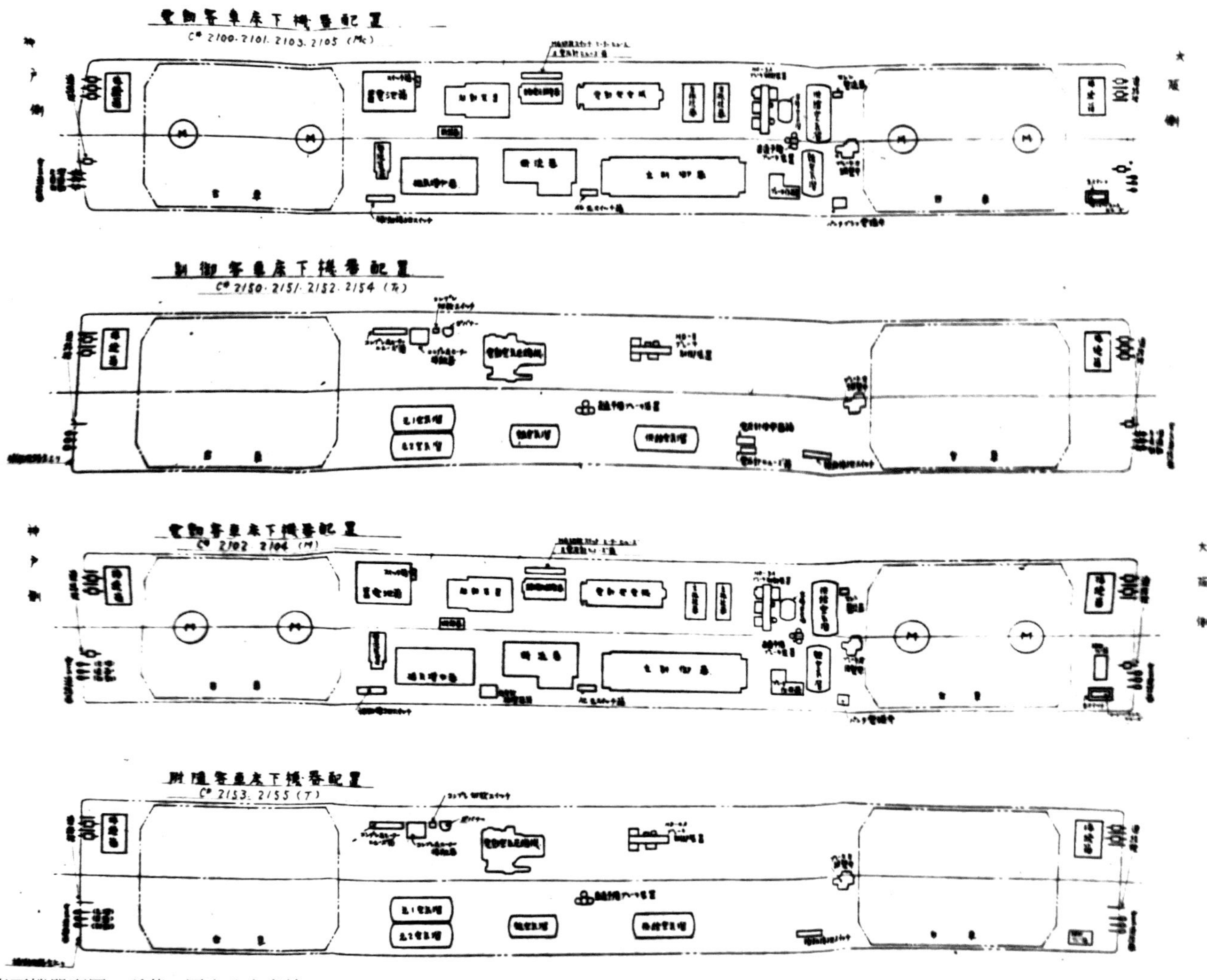

床下機器配置。所蔵：国立公文書館

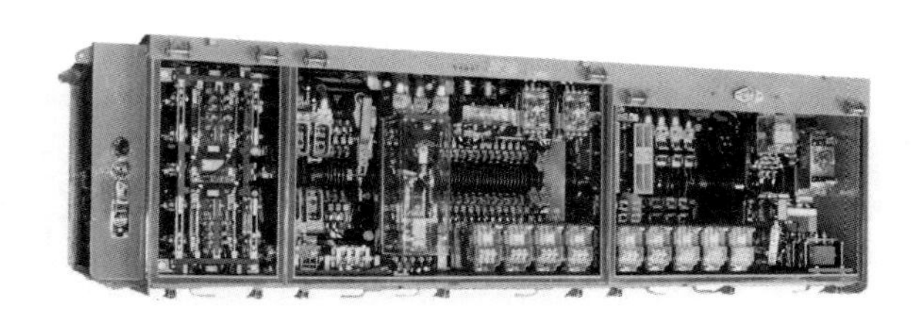

主制御器(MM13-A2)。

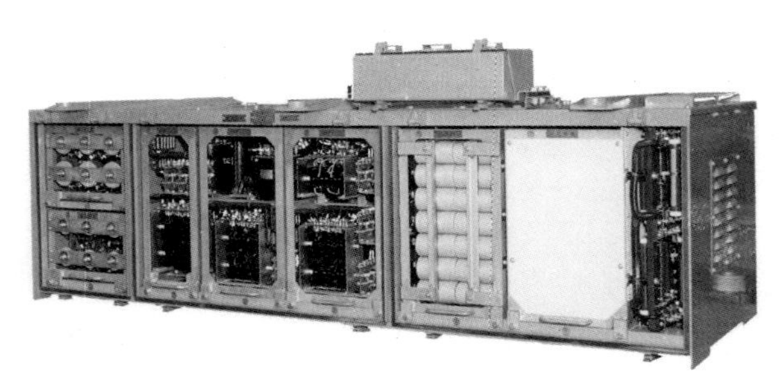

磁気増幅器(LA500-A2)。

主抵抗器(RA-233)。
昭和40/1965-6-20
森井清利

ブースター・MG
(CLG-325)。
昭和40/1965-6-20
森井清利

2163の大阪側妻面。連結面側の幌は従来の1010・1100系列と同じものを使用。池田車庫　昭和40/1965年頃　森井清利

2000系の昇圧即応改造に続き、2100系も同様に改造され、電力回生ブレーキと定速度制御を廃止して、パンタグラフは1基に削減された。2000系の昇圧即応改造の関連で3両の電動車が出力アップして実質的に2000系となり(T・Tcと併せて6両)、2100系はこれ以降、24両のグループとなる。また昭和40年12月10日から宝塚線の7連運転が開始。旧梅田駅は6両以上にホームを伸ばすことができず、後部1両ドアカット処置を実施。2152他7連。豊中～岡町　昭和43/1968-8　澤田節夫

昇圧即応改造

7連を分割した昇圧即応改造後の2100系3連による箕面線列車(2158-2109-2108)。
石橋～桜井　昭和44/1969-6
澤田節夫(2点共)

2152他7連。奇数編成組成で余ったT車は3000系に編入された。清荒神～宝塚　昭和44/1969-2-9　直山明徳

2156。十三(跨線橋工事中)　昭和44/1969-2-5　久保田正一

神戸線の電車線電圧1500V昇圧後、引き続き昭和44年8月に宝塚線が同様に昇圧することになり、準備として昇圧即応車が宝塚線に集められた。この時期、2000系と2100系が宝塚線に共存している。
池田車庫　昭和44/1969-3　髙橋正雄

3052
3062
2156
7
←112

3000系に編入されていた2160+2153。後に2160は2100系編成に戻される。西宮車庫　昭和42/1967-12-27　磯田和人

T車の他系編入

2153の貫通口(編成は3054-3502-3004+3055-2153-3517-3005)。昭和42/1967-3　磯田和人

3000系に編入されていた2160の妻面。幌の幅が違うことからアダプターを取り付けている。西宮車庫　昭和42/1967-12-29　磯田和人

3000系に組込の2163(3066-3509-3016+3067-2163-3510-3017)。西宮北口　昭和46/1971-3-13　阿部一紀

3000系に組み込みの2153(3056-2080-3503-3006+3055-2153-3517-3005)。六甲　昭和54/1979-2-6　直山明徳

宝塚線の昇圧は昭和44年8月24日に実施され、阪急全線の電車線電圧が1500Vに統一された。能勢電の線路をオーバークロスする2103他6連臨急。
川西能勢口～雲雀丘花屋敷　昭和45/1970-1-4　髙橋正雄

2103他6連。宝塚側前面床下(Mc)の電気連結器受は連結栓となった(一部中間組成Mcを除く)。雲雀丘花屋敷　昭和45/1970-1-4　髙橋正雄

2101-2151+2103-2055-2102-2152+2100-2150。2100の前面床下の電気連結器受は未改造。平井車庫　昭和47/1972-2-20　太田裕二

2108-2160-2109-2158+2107-2157-2106-2156。平井車庫　昭和47/1972-10-9　直山明徳

2108-2160-2109-2158。正雀車庫　昭和45/1970-2-3　髙橋正雄

2156-2106-2157-2107。正雀車庫　昭和45/1970-3-18　篠原　丞

2158-2109-2160-2108。正雀車庫　昭和45/1970-2-3　高橋正雄

2107-2157-2106-2156。正雀車庫　昭和45/1970-3-18　髙橋正雄

2110-2159+2105-2059-2104-2154+2111-2161。平井車庫　昭和47/1972-11-18　直山明徳

2110-2159+2105-2059-2104-2154+2111-2161。平井車庫　昭和50/1975-11-18　直山明徳

2163。池田車庫　昭和40/1965年頃　森井清利

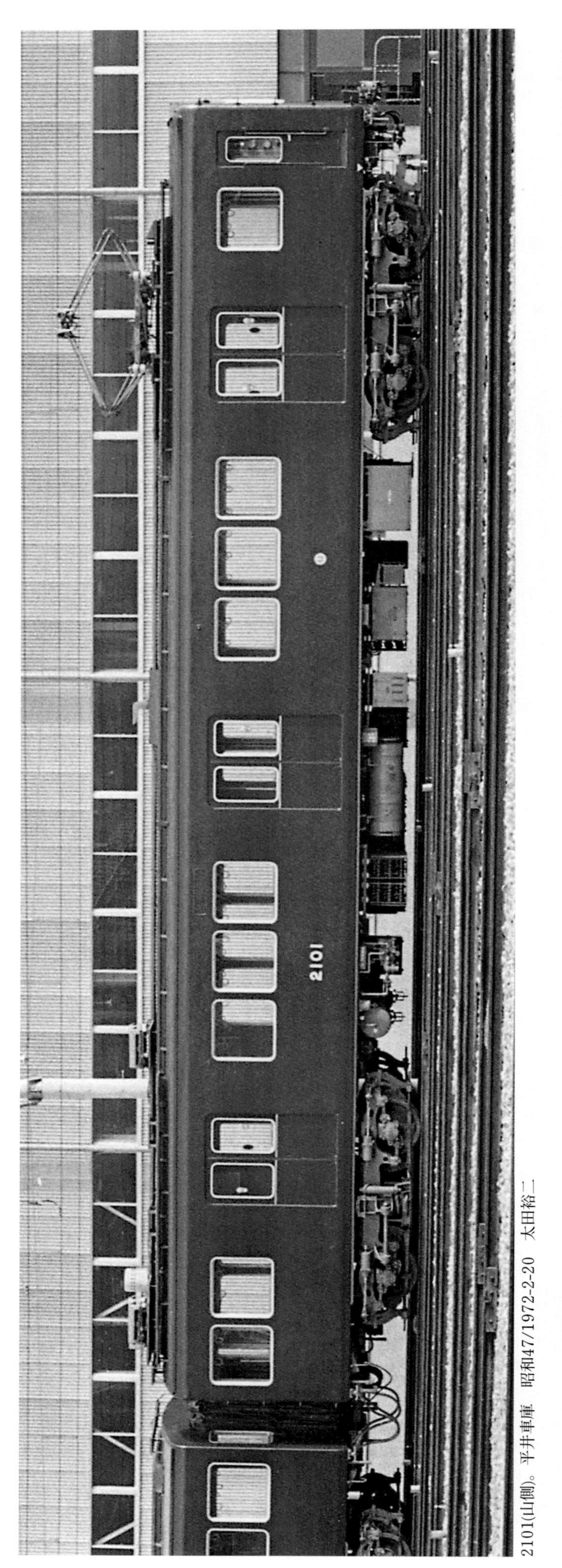

2101(山側)。平井車庫　昭和47/1972-2-20　太田裕二

2110(浜側)。平井車庫　昭和47/1972-11-18　直山明徳

2102(浜側)。平井車庫　昭和52/1977-11-20　直山明徳

2151(浜側)。平井車庫　昭和54/1979-3-16　直山明徳

EXPO直通(宝塚発万国博西口行き)。この時期、2100系も千里線に運用された。2161-2111+2154-2104-2059-2105。
中山〜山本　昭和45/1970-5-20　篠原　丞

EXPO直通(宝塚発万国博西口行き)。
十三　昭和45/1970-4-02　澤田節夫

2110他豊中行き普通列車。万国博開催期間中は神戸・宝塚線車両も千里線に応援入線しており、引き上げ線にもその車両が見える。
十三　昭和45/1970-8-29　直山明徳

2110他8連。昭和44年11月30日の梅田駅宝塚線ホーム移設完成により宝塚線池田折り返しと準急の8連運転が開始となる。7連の2100系は8連化の増結に当時3000系に組成の2160を復帰させた他、2000系T車2両(2055・2059)を編入している。
川西能勢口〜雲雀丘花屋敷　昭和48/1973-3-3　直山明徳

昭和40年代半ばになると冷房車も登場する。5300系京都線特急と併走する2108他8連。十三　昭和47/1972-10-9　直山明徳

2156。平井車庫　昭和47/1972-2-20　太田裕二

2150他8連。蛍池～豊中　昭和49/1974-3-21　直山明徳

秋の夕暮れの併走。この頃はまだ冷房車は少ない。中津　昭和50/1975年　高間恒雄

朝ラッシュ時の豊中行き普通と雲雀丘花屋敷行き準急。梅田　昭和56/1981年　高間恒雄

2030と2103の並び。梅田　昭和53/1978-7　高間恒雄

2030と2103の向こうには京都線の2800系・6300系が見える。梅田　昭和53/1978-7　高間恒雄

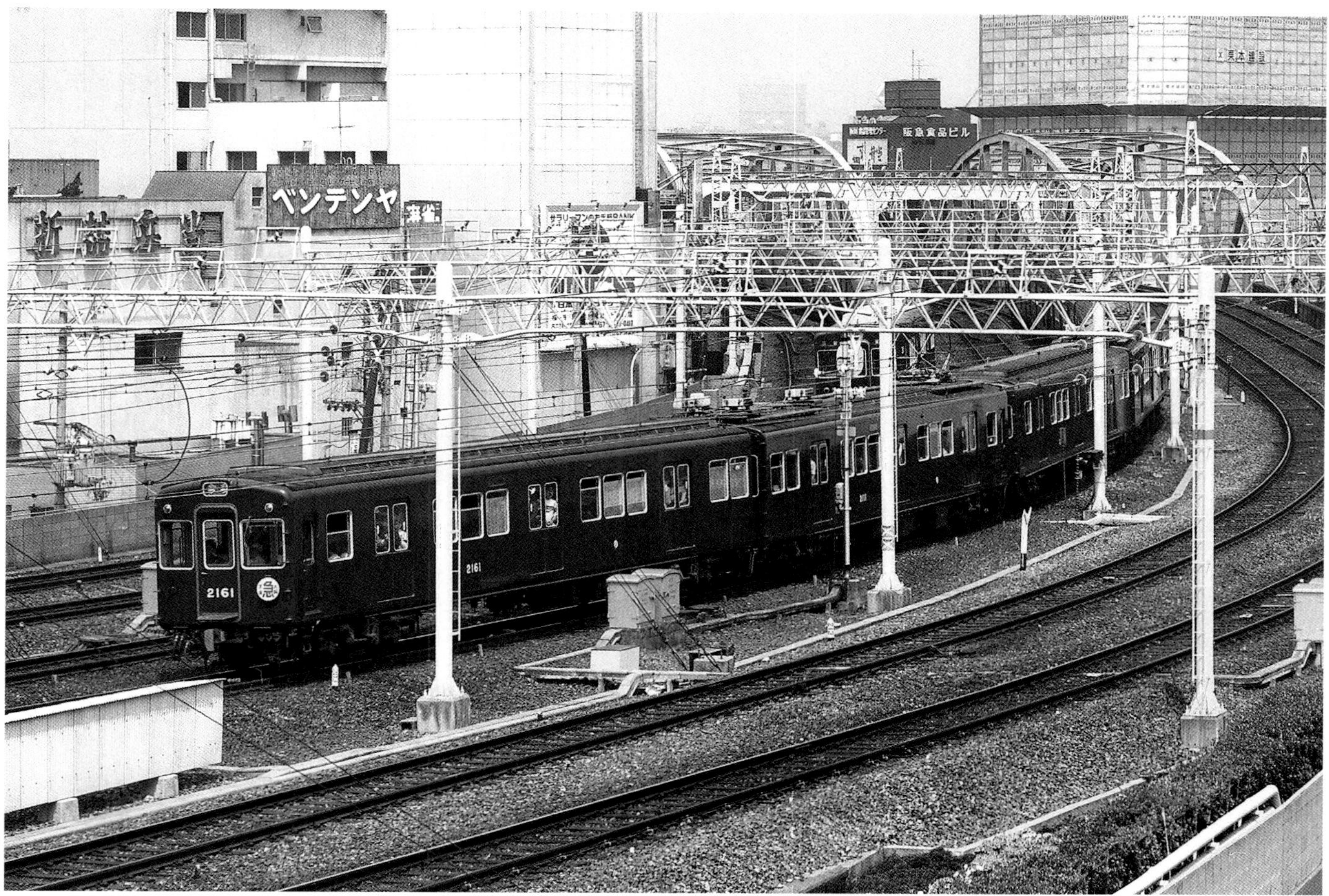

2161他8連。梅田　昭和53/1978-5-13　篠原　丞

2161-2111+2154-2104-2059-2105+2159-2110。梅田　昭和50/1975-5-1　篠原　丞

千里川を渡る2108他8連。豊中～蛍池　昭和51/1976-7-16　髙間恒雄

2103他8連。豊中～蛍池　昭和54/1979-7-24　髙間恒雄

2156他8連。岡町〜曽根　昭和51/1976年　髙間恒雄

2108。豊中　昭和52/1977年　髙間恒雄

2110他8連。清荒神～宝塚　昭和49/1974年　吉里浩一

宝塚線の臨時特急

2161他8連。清荒神～宝塚　昭和49/1974年　吉里浩一

春の臨時特急。梅田　昭和51/1976-3　髙間恒雄

正月の臨時特急。十三　髙間恒雄

2150他8連。左のゴルフ練習場は池田車庫の跡地である。川西能勢口〜池田　昭和54/1979-1-3　篠原　丞

2150他8連の秋の箕面線直通臨時準急。桜井～石橋　昭和50/1975年　髙間恒雄

箕面線運用

2103他8連の秋の臨時準急。桜井～石橋　昭和50/1975年　髙間恒雄

2161他8連の秋の箕面線直通臨時準急。十三　昭和55/1980-11-9　大橋一央

ホタル号の看板を掲出した箕面線準急(2110他8連)と普通(2030他4連)。箕面～牧落　昭和54/1979-6-22　髙間恒雄

箕面線運用の予備車兼用となっていた2100系は時折編成を分割して4連で箕面線で運用された(2150-2100+2151-2101)。
石橋　昭和54/1979-10-27　篠原　丞

2101他4連の箕面線列車。牧落～桜井　昭和55/1980-11-24　澤田節夫

箕面線運用4連の回送。川西能勢口～池田　昭和55/1980-10-25　篠原　丞

2101他4連。桜井　昭和54/1979-10-28　澤田節夫

2110。豊中　昭和55/1980-5-19　高間恒雄

折り返しのため豊中電留線に入る2110。昭和51/1976-7-16　高間恒雄

雲雀丘花屋敷　昭和53/1978年　高間恒雄

豊中電留線の2110。非冷房時代はこのように両側の扉をあけて換気することもよく見られた。
昭和51/1976-9　高間恒雄

2110他8連。蛍池～豊中　昭和53/1978年　髙間恒雄

2103。石橋　昭和55/1980-7-29　髙間恒雄

2103他8連。十三　昭和52/1977-6-7　高間恒雄

2156他8連。能勢電鉄の川西国鉄前線をオーバークロスする。川西能勢口～雲雀丘花屋敷　昭和55/1980-2-17　小西滋男

昭和56年3月1日から運行標識板のデザインがモデルチェンジとなった。2150と2161。十三　昭和56/1981-6-5　高間恒雄

2103他8連。中津～梅田　昭和57/1982年　吉里浩一

箕面線運用の2101他4連。2101の前面床下の電気連結器受は最後まで未改造(両栓のジャンパ連結器ケーブルを付けている)。
石橋～桜井　昭和57/1982-7-20　吉里浩一

箕面線運用の2150他4連。1010・1100系の代走である。桜井　昭和57/1982-7-20　吉里浩一

2101他4連の箕面線列車。石橋～桜井　昭和57/1982-7-25　篠原　丞

箕面線運用の2152-2102-2055-2103。牧落　昭和57/1982-1-3　篠原　丞

下り線が高架駅となった池田駅。池田　昭和58/1983-5-22　篠原　丞

2156他8連。池田　昭和58/1983-5-22　篠原　丞

2108他8連。雲雀丘花屋敷～山本　昭和57/1982-5-29　吉里浩一

2161他8連。山本～雲雀丘花屋敷　昭和59/1984-10-28　篠原　丞

神崎川を渡る豊中発の普通列車2161他8連(2161-2111+2154-2104-2059-2105+2159-2110)。庄内～三国　昭和58/1983-5-30　篠原　丞

1010・1100系は一部冷房化されたが、それより新しい2100系は冷房改造されないまま、能勢電鉄に譲渡、阪急から去ることになる。同社では冷房化・600V降圧などの改造の上、1500系となった。十三　昭和56/1981-5-5　篠原　丞

2156(1次車・Tc)。台車KS-66Bで車体裾水切り短い。平井車庫　昭和47/1972-10-9　直山明徳

2107(1次車・Mc)。台車KS-66Aで車体裾水切り短い。豊中～蛍池　昭和53/1978-5-17　髙間恒雄

2160(2次車・T)。台車FS45で車体裾水切り短い。豊中～蛍池　昭和53/1978-5-17　髙間恒雄

2156(1次車・Tc)。台車KS-66Bで車体裾水切り短い。

2106(1次車・M)。台車KS-66Aで車体裾水切り短い。

2157(1 次車・T)。台車 KS-66B で車体裾水切り短い。

2107(1 次車・Mc)。台車 KS-66A で車体裾水切り短い。

2158(2次車・Tc)。台車KS-66Bで車体裾水切り短い。
梅田　昭和53/1978年
髙間恒雄

2109(2次車・M)。台車FS345で車体裾水切り短い。

2160(2次車・T)。台車FS45で車体裾水切り短い。

2108(2次車・Mc)。台車KS-66A試作型で車体裾水切り短い。

2150(1次車・Tc)。FS33・FS333アルストム台車を使用する車両は車体裾部の水切りが長く、車端近くまで設けられている。

2152(1次車・Tc)。台車FS33で車体裾水切り長い。

2100(1次車・Mc)。台車FS333で車体裾水切り長い。ATS・列車無線など非設置。

2102(1次車・M)。台車FS333で車体裾水切り長い。

2151(1次車・Tc)。台車FS33で車体裾水切り長い。ATS・列車無線など非設置。

2055(2000系1次車・T)。台車FS33で車体裾水切り長い。

2101(1次車・Mc)。台車FS333で車体裾水切り長い。

2103(1次車・Mc)。台車FS333で車体裾水切り長い。

2150-2100+2151-2101+2152-2102-2055-2103

豊中　昭和55/1980-5-19　髙間恒雄

2150(1次車・Tc)。

2152(1次車・Tc)。

2100(1次車・Mc)。

2102(1次車・M)。

2151(1次車・Tc)。

2055(2000系1次車・T)。

2101(1次車・Mc)。

2101(1次車・Mc)。

2156(1次車・Tc)。
台車KS-66Bで車体裾水切り短い。

2106(1次車・M)。
台車KS-66Aで車体裾水切り短い。

2157(1次車・T)。
台車KS-66Bで車体裾水切り短い。

2107(1次車・Mc)。
台車KS-66Aで車体裾水切り短い。

2158(2次車・Tc)。台車KS-66Bで車体裾水切り短い。

2109(2次車・M)。台車FS345で車体裾水切り短い。

2108(2次車・Mc)・台車KS-66A試作型で車体裾水切り短い。2160(2次車・T)・台車FS345で車体裾水切り短い。

2161(2次車・Tc)。台車FS45で車体裾水切り短い。

2059(2000系2次車・T)。台車FS33で車体裾水切り長い。

2105(1次車・Mc)。台車FS333で車体裾水切り長い。

2154(1次車・Tc)。台車FS33で車体裾水切り長い。のち、事故廃車2050の代わりに2代目2050となる。

2159(2次車・Tc)。台車FS33で車体裾水切り長い。ATS・列車無線など非設置。

2110(2次車・Mc)。台車FS345で車体裾水切り短い。豊中　昭和58/1983-3-22　髙間恒雄

2104(1次車・M・宝塚方妻面貫通路狭幅化)。台車FS333で車体裾水切り長い。豊中　昭和58/1983-3-22　髙間恒雄

狭幅化され引き戸を設置した 2104 の貫通路宝塚方妻面。
昭和 59/1984-2-27 髙間恒雄

2104。昭和 59/1984-2-27 髙間恒雄

2104 の宝塚方妻面 (妻面貫通路狭幅化)。
昭和 59/1984-2-27 髙間恒雄

2104 の宝塚方妻面 (妻面貫通路狭幅化)。
昭和58/1983-3-22　髙間恒雄

2104(右)と連結する2059(左)の幌アダプター。
昭和59/1984-2-27　髙間恒雄

車内(2110)。仕切りの車掌台側にガラスはなかったが、晩年に上部開閉可能なガラス窓に改造。
昭和59/1984-2-27　髙間恒雄(4点共)

床下機器(昇圧即応改造後)

本頁写真：昭和54/1979-4-6　髙間恒雄

2159(2次車・Tc・山側)。

2160(2次車・T・山側)。

2105(1次車・Mc・山側)。2100形の主抵抗器は山側には2台(RA233)。

2158(2次車・Tc・山側)。昭和54/1979-4-14　髙間恒雄

2109(2次車・Mc・山側)。MGはCLG-325B。
昭和54/1979-4-14　髙間恒雄

2110(2次車・Mc・山側)。昭和59/1984-3-13　宮武浩二(2点共)

2159(2次車・Tc・山側)。昭和59/1984-3-13　宮武浩二(2点共)

2000系1次車と2100系の特徴である銀の縦帯のない側引戸は従来の1010系シリーズのアルミ製に対して、外板と骨は鉄製で、内側にはアルミデコラを接着したもの。2000系2次車以降のハニカム構造のものより窓枠が太い(車外側は幅25mm)。

2106(1次車・M・浜側)。2100形の主抵抗器は浜側には2台(RA243・RA233)。主制御器は$MM\text{-}13B_2$・断流器は$JP32\text{-}D_1$。
昭和54/1979-4-14　髙間恒雄

屋根上機器(昇圧即応改造後)

PG-18Aパンタグラフ図。集電舟改造前で、改造後(下写真)はPG-18Hとなる。

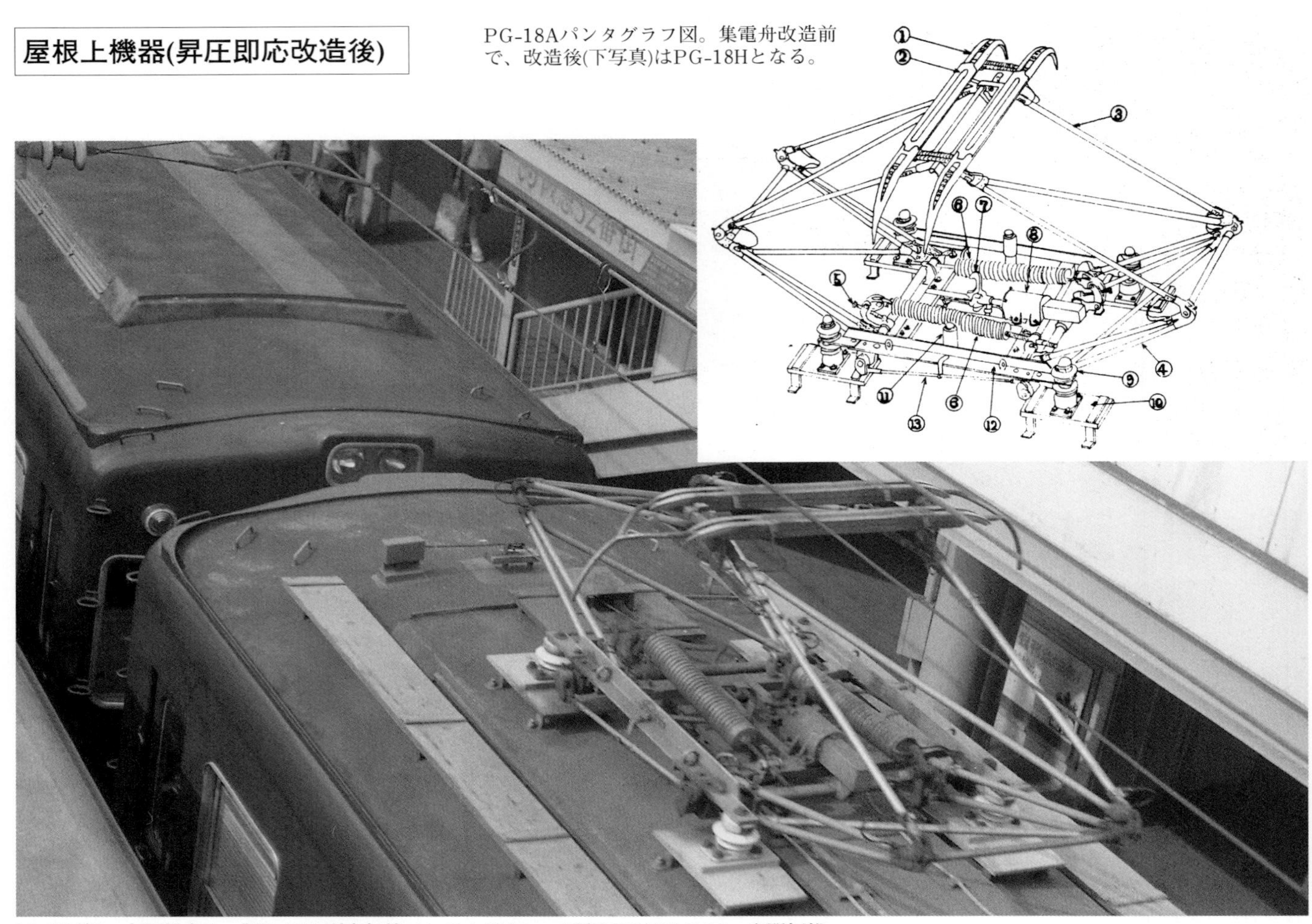

Mcの屋根。中間組成の一部Tcには列車無線アンテナがない。昭和57/1982-5-16　髙間恒雄

Mcの屋根。昭和57/1982-5-16　髙間恒雄

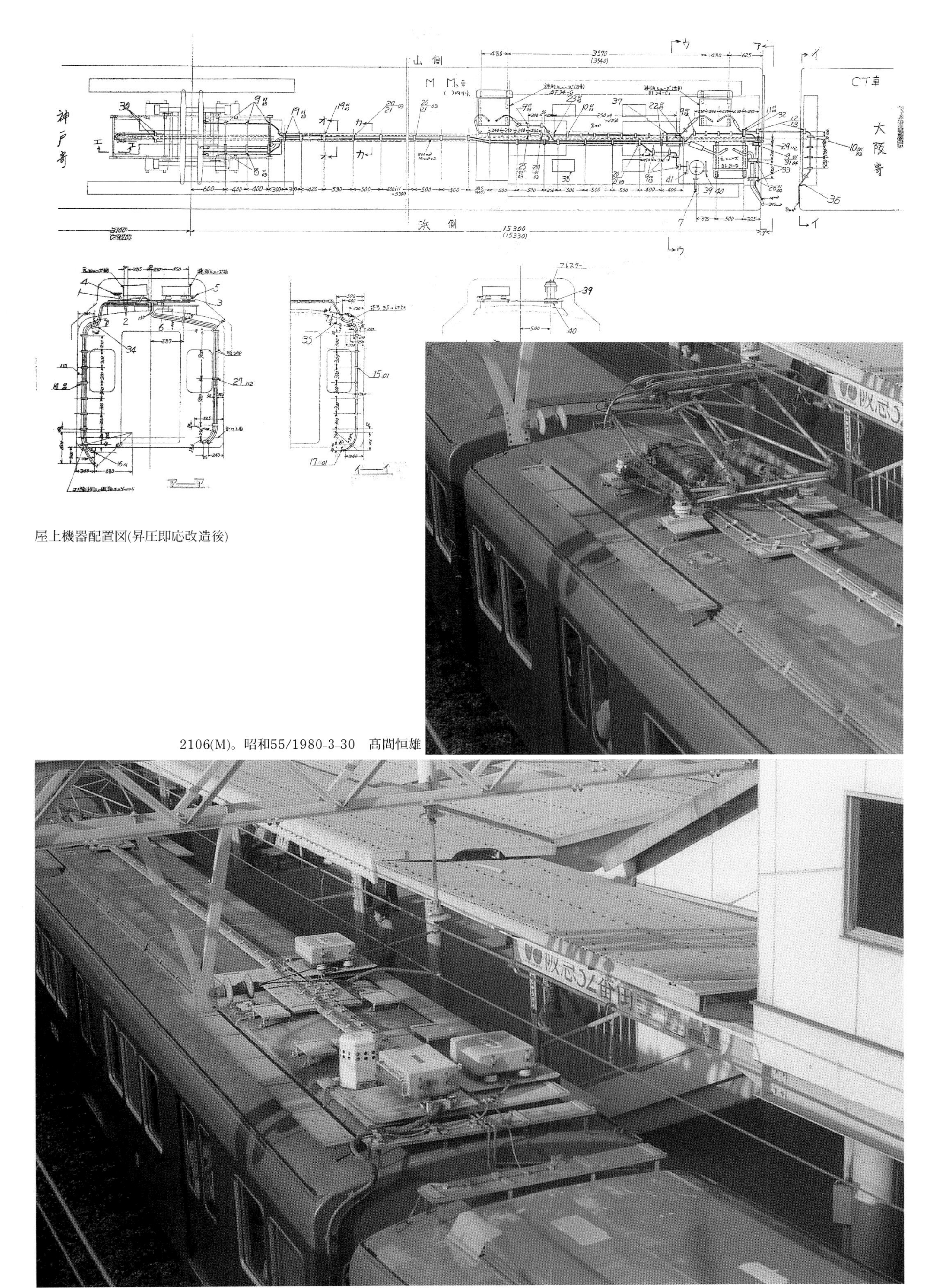

屋上機器配置図(昇圧即応改造後)

2106(M)。昭和55/1980-3-30　高間恒雄

2106(M)。昭和55/1980-3-30　高間恒雄

2108(Mc)。昭和54/1979-4-29　高間恒雄

2107(Mc)。昭和58/1983-1　澤田節夫

2101(Mc)。昭和55/1980-11-24　澤田節夫

2103(Mc)。昭和54/1979-1-6　高間恒雄

2152(Tc)+2101(Mc)。昭和54/1979-1-6　高間恒雄

Mc(2161×8編成)のパンタグラフ部。昭和57/1982-6-11　宮武浩二

M(2161×8編成)のパンタグラフ部。昭和57/1982-6-11　宮武浩二

2108(Mc)。昭和58/1983-12-16　高間恒雄

2109(M)。昭和58/1983-12-16　高間恒雄

2107(Mc)-2157(T)。昭和58/1983-12-16　高間恒雄

2059(T)-2104(M・狭幅貫通口化)。昭和59/1984-2-27　高間恒雄

2106(M)。
昭和58/1983-1　澤田節夫

2106(M)。
昭和58/1983-1　澤田節夫

すでに能勢電鉄への譲渡が開始されている時期だが、阪急に残る2100系は外板更新など改修を実施。正雀工場　昭和58/1983年　髙間恒雄

改修中の2159他。腐食した外板を除去したところ。正雀工場　昭和58/1983-8　髙間恒雄

改修中の2159他。新たに外板を張り、車番・社章を取り付け。正雀工場　昭和58/1983年　髙間恒雄

昭和51年、編入の3000系と共に冷房化された2155(3064-3507-2190-3014+3065-3508-2155-3015)。2000系グループとして最初に冷房化された車両である。六甲　昭和53/1978年　髙間恒雄

3000系に組成されていた2153・2155は後に2代目2055・2059に改番されている(2100系に組み込まれていた初代2055・2059は能勢電鉄1500系に譲渡・廃車済)。また出力増強されて2000系並みの性能となっていたグループに編成されていたT車2163も早い時期に3000系に編入されていたが、2093に改番され、編成としての2100系はすでに能勢電鉄に譲渡されていたので、この改番で2100系は系列として消滅した。
梅田　昭和52/1977-1　髙間恒雄

他系編入の冷房化車

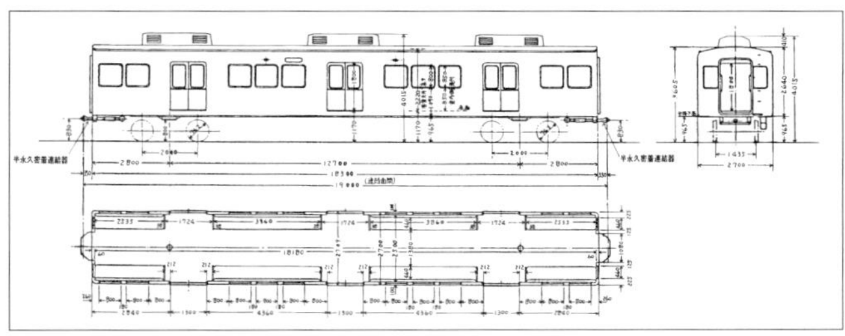

2150形2155(T・冷房改造後)　車両竣功図

2155車内(3000編入)。
昭和60/1985-8-22
髙間恒雄

3000系に編入されて冷房改造を受けた2153(3056-3503-2080-3006+3055-3517-2153-3005)。改造当初から表示幕・スイープファン付で、クーラービッチが狭い。またこの編成ではTc・TのD-3-F形CPを撤去してTにHB2000形CPを設けているが、2055Ⅱに改番後の平成16年8月にCPをTcに移設している。梅田　昭和59/1984-7-22　髙間恒雄

阪急2100系の軌跡

高間恒雄

昭和35年に誕生した2000系シリーズ。宝塚線には昭和36年1月頃に2000系の1編成(2054×4)をまず投入した。

この2000系、そのまま宝塚線に投入してもよかったのだが、最高速度が低い宝塚線では定格速度が高いと使い勝手が悪く、また長期的にみて消費電力量の節減になることから、昭和37年の初頭、2000系2次車とほぼ同時に宝塚線用2100系が誕生した。2000系の主電動機150kW(定格電圧300V)・歯車比85：16(=5.31)に対し、2100系は宝塚線用として出力を落とし、主電動機100kW(定格電圧300V)・歯車比85：14(=6.07)としている。制御方式は2000系2008形に準じる。

台車は2000系と同様にFS333(M車・車輪径860φ)・FS33(T車・車輪径760φ)を使用するが、2156×4には汽車会社製エコノミカル軸はり式空気ばね台車KS66A(M車)・KS66B(T車)を採用、こちらの車輪径はMTとも860φである。また2100系の方の側引戸は2次車を含め、2000系では2次車から採用したハニカム構造ではなく、全車とも従来構造のままである(縦帯なし)。昭和36年度製は1次車は以下の通り(昭和37年1月製造)。

2150-2100

2151-2101

2152-2102-2153-2103

2154-2104-2155-2105

2156-2106-2157-2107

昭和36年12月16日から宝塚線の大型6連運転を開始しており、2100系も当初から6連を前提とした増備である。なお宝塚線に投入されていた2054×4は2100系の投入直前の昭和37年1月4日に神戸線に転属した。

昭和37年度には2000系3次車18両とともに2100系2次車が製造された(昭和37年12月製造)。

2158-2108

2159-2109-2160-2110+2161-2111

2162-2112-2163-2113+2164-2114

台車はミンデンドイツ式FS345(M車・車輪径860φ)・FS45(T車・車輪径760φ)台車および汽車会社製エコノミカル式空気ばね台車を使用。エコノミカル軸はり式台車は前年のものを若干改良。2108のKS-66Aは、軸箱支持部のゴムの緩衝性を増すように変更した試作台車でゴム厚の変更で軸箱本体の外形を変えている。この台車の京都線での走行状態テストのため、昭和37年12月25日に2300系の牽引で振動試験を実施(2305-2355+2108-2158+2306-2356・高槻市～正雀間)。2159はKS-66Bを使用(エコノミカル軸はり式空気ばね台車は2000系2068×4にも使用)。今回から電気関係の機器は電車線の1500V昇圧を考慮し

2100系2次車(2114-2164+2113-2163-2112-2162)。
宝塚～清荒神　昭和38/1963-9　髙橋正雄

2100他6連の試運転。西宮北口　昭和37/1962-1　山口益生

■表1　昭和42年10月の2100系編成表
(宝塚線600V当時で昇圧即応車化完了)

2152-2102-2153-2103+2150-2100
2154-2104-2155-2105+2151-2101
2156-2106-2157-2107+2158-2108
2159-2109-2160-2110+2161-2111
(7連は1010系2本・3100系5本)

て、可能な限り1500V用として、屋根上ヒューズ箱の配置が変更されている。またCPは複電圧用D-3-NHに変更。2100系は2159×4+2161×2、2162×4+2164×2、空気ばね台車の2158×2は従来の同じく空気ばね台車2156×4と6連を組成した。

この後の増備は神戸・宝塚線の電車線電圧の1500V昇圧が決定して、増備は2000・2100系ともに昇圧対応とした2021系に1本化されることとなり、小出力版の2100系の製造は終了する。なお2021系も増備は長く続かず、宝塚線用として3000系の小出力版3100系が登場する。

阪急宝塚線でOBの元運転士・Kさんが、そのまた大先輩の運転士から聞かれた興味深いエピソードがある。600V時代の深夜の宝塚線、2100系を運転中に回生ブレーキを使用して入駅すると、対向の旧型車の前照灯が急激に明るくなった直後に「球切れ」を起こしたそうである。当時の宝塚線旧型車はMGがない時代で前照灯の回路も600Vが使用されていたので、電車線電圧の上昇があって、このような現象が起こったのであろう。

■昇圧即応改造

神戸・宝塚線共に電車線電圧が1500Vに昇圧することが決定し、弊社刊「阪急2000Vol.1」で記述の通り、600Vおよび1500Vの両方で使用でき、切換を簡単にした昇圧即応車とされた。2000系同様、昇圧切換の簡便さも考慮して従来の電力回生ブレーキと定速度制御は廃止されて、永久直列制御の抵抗制御方式となった。

この改造に関連して2100系のうち電動車3両は2000系改造工事の都合でリンク改造実施のために新製された2000系用主電動機SE-572Bを3両分12個を転用したことから、2000系の性能となった(この時点の編成は表1に示す)。編成を組むTc・Tを併せて6両の2100系2162×6(2112～2114・2162～2164)はこの昇圧即応改造により昭和42年10月18日に神戸線へ移籍、これ以降2000系として扱われることとなり、2100系グループから離れた(以降の上記6両の変遷は本書ではなく、「阪急2000Vol.1」に掲載)。

■表2　2100系7連と2100系T車編入の3000系編成

2150-2100+2151-2101+2152-2102-2103
(2152-2102-2103+2150-2100+2151-2101の場合もある)
2161-2111+2159-2110+2154-2104-2105
2156-2106-2157-2107+2158-2109-2108

3054-3502-3004+3055-2153-3517-3005(2153編入)
3056-3503-3006+3057-2160-3518-3007(2160編入)
3064-3507-3014+3065-2155-3508-3015(2155編入)

この頃からATS・列車選別装置アイデントラ(IDR)・列車無線装置(VHF)などが使用開始となるが、2100系では中間組成の一部先頭車には設置改造しなかった(2100・2111・2151・2159)。

また昭和40年12月10日から宝塚線、昭和42年8月27日から神戸線で7連運転が、同年12月21日から京都線で7連運転が開始され、奇数両編成となって余った2000・2100・2021系T車は3000系に編入が開始された(表2)。

昇圧後、2000・2100系は1C4M制御で直並列制御を行わないことから、主抵抗器の使用条件が厳しくなり、対策として2100系は5ポジションまで進段させる改造を実施している。

昭和44年8月に2100号車の片方の台車に東芝式タワミ板

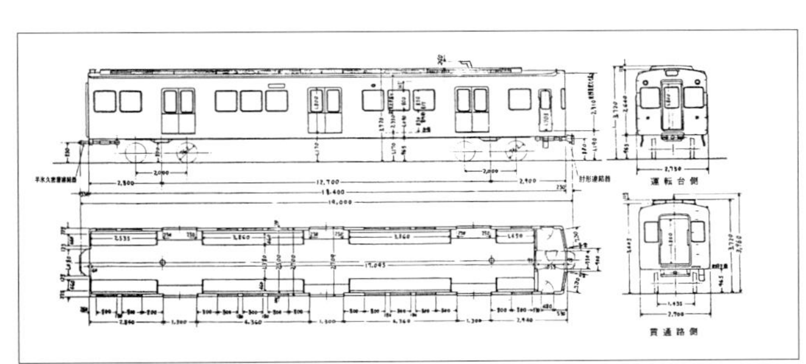
2150形(Tc・昇圧改造後)　車両竣功図

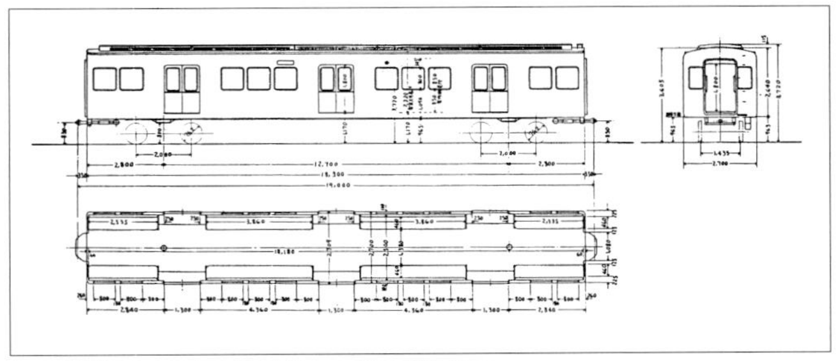
2150形(T・昇圧改造後)　車両竣功図

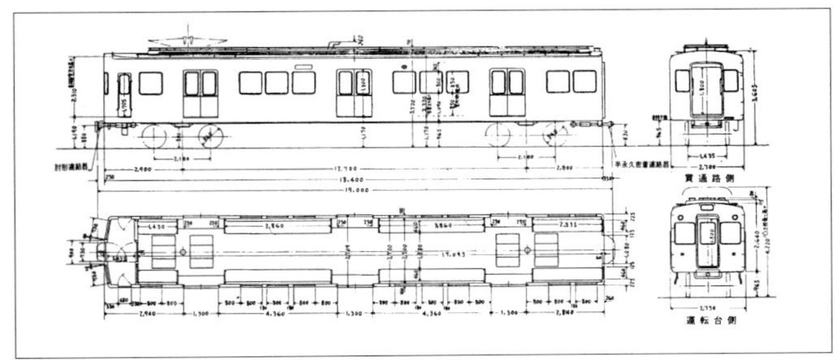
2100形(Mc・昇圧改造後)　車両竣功図

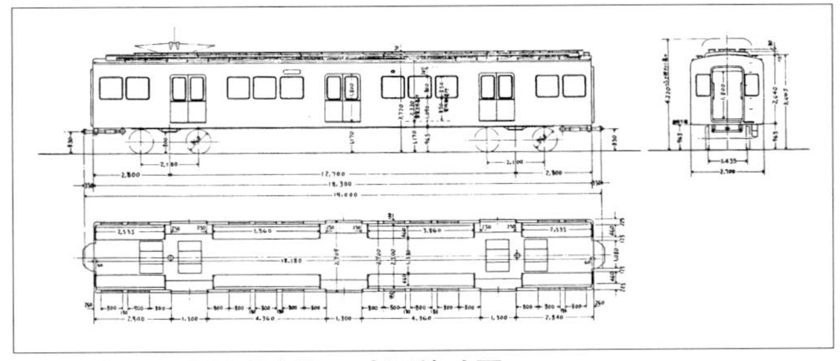
2100形(M・昇圧改造後)　車両竣功図

■表3　昭和45年3月現在の2100編成表(宝塚線)

2150-2100+2152-2102-2055-2103+2151-2101(2055編入)

2161-2111+2154-2104-2059-2105+2159-2110(2059編入)

2156-2106-2157-2107+2158-2109-2160-2108(2160は3056編成から復帰)

(2100系T車編入の3000系編成は昭和43年12月時点と変わらず)

昇圧即対応改造を受けた2100系(2105-2059-2104-2154)。
正雀車庫　昭和47/1972-3　吉岡照雄

継ぎ手の、11月に2000系編入の2114で住友式タワミ板継ぎ手の長期試験が開始(2114は昭和47年にWN継手へ戻された)。なお昭和52年には2100号車のもう片方の台車に別の住友式タワミ板継ぎ手の試用を開始し、のちに東芝式タワミ板継ぎ手はWN継手に復元された。

昭和44年11月30日の梅田駅宝塚線ホーム移設完成により宝塚線池田折り返しと準急の8連運転が開始となる。

2110。平井車庫　昭和47/1972-11-18　直山明徳

昭和46年7月時点では、2100系8連3本、2021系8連4本が宝塚線に在籍し、以後しばらくこのままで運用される。2100系は中間に組成していた先頭車の一部がATS・列車無線装置・アイデントラ非設置の車両があり、営業線上では事実上先頭車として使用できなくなっている(2100・

FS333台車。林 幸三郎

FS345台車。林 幸三郎

KS-66A台車。写真：朝倉圀臣コレクション(2点共)

1両分のKS-66Aのみ、試作的に軸箱支持部のゴムの緩衝性を増すように変更した(2108に使用)。ゴム厚を上下に柔らかく、前後に硬く作用するように形状変更して軸箱本体の外形が変更された。
写真：朝倉圀臣コレクション(2点共)

KS-66A(2108)。昭和37/1962-12　髙橋正雄

2152。平井車庫　昭和57/1982-6-11　宮武浩二

2111・2151・2159)。昭和48年頃には2150×8の編成を4連2本に分割できるよう変更、宝塚方先頭は2103となる。

2150-2100+2151-2101+2152-2102-2055-2103

その後、1010・1100・3000・3100系や僚車2000系の冷房改造が開始された。2000系の冷房改造が終盤を迎えようとしていた昭和55年、非冷房で残る2100系の今後について検討が始まった。実施される予定のあった宝塚線の最高速度向上(平成12年に100km/hとなる)も考えると、冷房装置を搭載して重量の増える2100系ではいままで以上に高速性能が劣ることから、冷房改造は実施せずに大型冷房車導入を検討していた能勢電鉄に譲渡して、同社1500系として第二の職場を得ることになった。宝塚線では非力となってしまったが、能勢電鉄では路線の状況にマッチして扱いやすい性能であり、長く活躍することになる。

昭和55年10月には2103×8の中間部2101・2152の乗務員室の整備などが実施され、翌年には2107・2158にも実施、箕面線4連の予備車となった。

昭和57年12月、乗務員室仕切の車掌台側ガラスに窓が設置された(2103・2108・2110・2150・2156・2161)。また2104の宝塚側妻面に引戸が設置された。一方この直後の昭和58年2月に2150×8は廃車された(能勢電鉄譲渡)。

2100系は能勢電鉄に譲渡され、同社1500系となる。
川西能勢口　昭和60/1985-8-18　髙間恒雄

2161。清荒神～宝塚　昭和56/1981-3-15　篠原　丞

昭和58年12月、2161×8の外板と床の更新を実施。一方昭和59年2月に2156×8は廃車された。昭和59年に発生した六甲事故で2000系2050が廃車となり、その代替が必要となって能勢電鉄譲渡計画に変更が生じ、昭和60年2154が2代目2050として初代と同様に改造され、2000系に編入された。昭和60年12月中に編成としての2100系は廃止され、阪急から静かに姿を消したのである。

ただ他系編入T車に2100系が残っていたが、本来の意味を失った状況となり、2021系もすべて他系のT車となっていた。この機会に2100系という呼称を廃止、また2021系は2071系に変更されるなど整理された。2153→2055(昭和60年)・2155→2059(昭和61年の表示幕設置時)。

2100系は8連3本が宝塚線で運用されていたが、昭和58年から60年にかけて4連6編成が能勢電鉄に譲渡された。不測の事故による2050の廃車代替もあって、譲渡された24両中、旧2021系Mc車、旧2000系T車2両が含まれていて、純粋の2100系は21両である。能勢電鉄に譲渡後の活躍については弊社刊「能勢1500」を参照頂きたいが、能勢電鉄1500系は平成28年6月22日に営業を終了した。

引退した車両の内、1554(元阪急2159)-1504(元阪急2110)は広島県三島市の瀬戸内海に面した三菱重工業三原

三菱重工業三原製作所で余生を送る能勢1554-1504。
平成27/2017-11-5(工場一般公開日の撮影)　髙間恒雄

能勢電鉄に譲渡され、1500系に改造される2107。折しも代替となる7000系を製造中。アルナ工機　昭和59/1984-3-3　直山明徳(5点共)

2156。

2107。

2108。

2108。

晩年となったが、外板と床を更新中の2161×8。
正雀工場　昭和58/1983-9-16　直山明徳(2点共)

製作所に譲渡され、和田沖工場内のMIHARA試験センターの3.2kmのエンドレスの試験線で試験車両牽引用MIHARA-Liner GENKI君として本書発行の令和6年現在も使用中。その様子は公式Youtube・のせでんチャンネルで紹介されている(令和6年現在、能勢電鉄ホームページから見ることができる)。

阪急・能勢・MIHARA試験センターと渡り歩いたこの2両以外の能勢1500系は、廃車後すべて解体された。

■幻に終わった異系列の組成・その1

昭和45年12月から実施の神戸線連解運用に続いて、昭和46年12月から宝塚線急行を連解して運用することが昭和45年末頃に検討されていた。高度成長期に沿線人口が急伸し、池田車庫が手狭となったことから移設することになり、昭和46年11月には平井車庫が竣工しているが(第1期工事竣工の使用開始は昭和45年12月)、その時期である。連解する駅は雲雀丘花屋敷駅を想定したものと推測される。

2+6の組成として、増結用に2連で走行可能な2100系、直通用に2100系と性能が類似する3100系および2100系を当てる計画で、実現すれば2100系と3100系の混結組成となるところであった(表4)。

2+6の6本の連解のために連解部の12両を5200系同様の全自動密着連結器化、従来中間車として運用のATS未設車のATS設置(2100・2151・2111・2159)、列車無線装置と列車選別装置の設置(2151・2159。増結時中間となる2100・2111は設置しない)、放送装置の統一(20W集中式の3100系を、2100系の10W分散式に統一改造・捻出の20W集中式は920系グループに転用を検討)。なお連解運用以外でも2100・3100系の重連を可能とするもの。

永久直列制御の2100系(発電制動なし)と直並列制御の3100系(発電制動あり)との重連による相違が問題となるが、2ノッチ運転時に2100系のブレーキ弁の電制指令回路復活が検討されていた。3100系6連にMcをモーターカットした2100系2連を連結した試運転も実施されたことがあるという。

■表4 異系列の組成その1・編成案

2150-2100=3154-3602-3104+3155-3603-3105
2151-2101=3156-3604-3106+3157-3605-3107
2159-2110=3158-3606-3108+3159-3607-3109
2161-2111=3160-3608-3110+3161-3609-3111
2152-2103=2154-2104-2055-2102-2059-2105
2156-2107=2158-2106-2157-2109-2160-2108
3150-3600-3650-3100+3151-3611-3652-3101
3152-3601-3651-3102+3153-3610-3653-3103
(昭和45年時点では2100系は8連3本、3100系は7連6本である)

■幻に終わった異系列の組成・その2

先の2100系と3100系の連解運用は実現しなかったが、この数年後、今度はより大規模な各系列の再編が検討され、昭和49年時点での車種調整計画案では神宝線の10連化への対応と旧型車の置き換え・小形車両の大形化に対応するため、2000系と3000系、2100系と3100系、2021系と5000・5200系の併結案も浮上していた。

昭和49年時点での関係する各系列の状況は表5の通り。

昭和50および51年度にかけて、2000系はM5両の電装解除・T3両を3000系に、M3両の電装解除車を3100系に編入し、さらに2300系T4両を3100系に編入。2021系はMc-Tcの2×6を直巻主電動機化(2000系電装解除車から転用?)、Mc-Tc×6・M×4をT化・T×4を5000・5200系に編入。最終的な想定編成は表6の通り。

併結時の制御の問題や、10連運転開始の地上設備の進捗、当時進められていた冷房改造などもからんだ改造費用対効果や、一斉に多数の車両の関係する改造工程など、現実的には調整が難しい課題もあったと思われ、結局神戸線の連解運用はHRDブレーキ・ワンハンドル運転の新車6000系、宝塚線の連解運用は5100系となって実施された(5100系の10連運転は昭和57年3月29日から開始)。しかし規模は縮小されたものの2021系を電装解除して5000系への編入など、実施されたものもある(またその後には神戸・宝塚線では増結運用時、6000系～9000系の混結組成も実際に長期間実施されている)。

これらに関連するはずであった系列は、すでに5000系を残して阪急線上から姿を消し、2000系の一部が能勢1700系として最後の活躍をしているが(令和6年現在)、もしこの大規模な各系列の再編が行われていたら、各系列のその後や新製車の増備実績も、また違った状況となっていたと思うと興味深いものである。

■表5 異系列の組成その2・関係する各系列の状況

2000系は8×11(4M4T)、7×5(4M3T)の43両(Mc-14・M-10・Tc-14・T-5)。
2100系は8×3(4M4T)の24両(Mc-8・M-4・Tc-8・T-4)。
2021系は8×4(4M4T)の32両(Mc-12・M-4・Tc-12・T-4)。
2300系は8×11(4M4T)、5×10(3M2T)、4×5(2M2T)の78両(Mc-28・M-16・Tc-28・T-6)。
3000系は8×8(4M4T)、7×9(4M3T)の127両(Mc-34・M-34・Tc-34・T-25)。
3100系は7×6(4M3T)の24両(Mc-12・M-12・Tc-12・T-6)。
5000・5200系は8×6(6M2T)、6×4(4M2T)の72両(Mc-31・M-21・Tc-17・T-3)。

■表6 異系列の組成その2・最終的な想定編成

2000・3000系は神宝線の10連も視野にいれて10×16(5M5T)、8×1(4M4T)の168両のグループ。10連時の2両増結は2000系。
2100・3100系+2300系Tは6×12(3M3T)の72両のグループ(今津線920・810の代替として検討)。2連の2100系+4連の3100系。
2021・5000・5200系は8×6(5M3T)、8×7(4M4T)の104両のグループ。10連時の2両増結は2021系。
2300系は8×1(4M4T)・6×11(4M2T×7、3M3T×4)の74両のグループとして6連の普通列車用(一部M-M'ユニット化も検討)。

写真提供ならびに編集協力(五十音順)
阿部一紀・磯田和人・井上雄次・内田利次・浦原利穂・太田裕二・
大橋一央・奥野利夫・久保田正一・小西滋男・小西　孝・澤田節夫・
篠原　丞・関　三平・杉山直哉・髙橋正雄・田中政広・直山明徳・
中井良彦・中谷一志・林 幸三郎・森井清利・宮武浩二・山口益生・
吉岡照雄・吉里浩一・髙間恒雄(レイルロード)

資料提供
国立公文書館

参考文献
阪急電鉄所蔵資料・阪急鉄道ファンクラブ会報(各号)
2000系回顧　仁志 寛(阪急鉄道同好会会報(62・63号)
続2000系回顧　吉岡照雄(阪急鉄道同好会会報(68 ～ 74号)
ほか阪急鉄道同好会会報(各号)
鉄道雑誌各誌
阪急電車(山口益生・JTBパブリッシング)
「阪急2000Vol.1　Vol.2」(レイルロード)
「阪急2300」(レイルロード)
「阪急3000」(レイルロード)
「阪急5000」(レイルロード)
「能勢1500」(レイルロード)

ご協力いただきました関係各位に厚く御礼申し上げます。
なお内容はOBの方などにもご協力いただき、正確を期すように努めましたが、万一間違いがありましたら、一鉄道ファンである編集子の浅学によるものであり、お許しいただければ幸いです。

阪急2100　**ー車両アルバム.45ー**
レイルロード　編

2024/令和6年9月20日　発行
発行ーレイルロード
〒560-0052　大阪府豊中市春日町4-7-16
http://www.railroad-books.net/

発売ー株式会社　文苑堂
〒101-0051　東京都千代田区神田神保町1-35
TEL(03)3291-2143　FAX(03)3291-4114